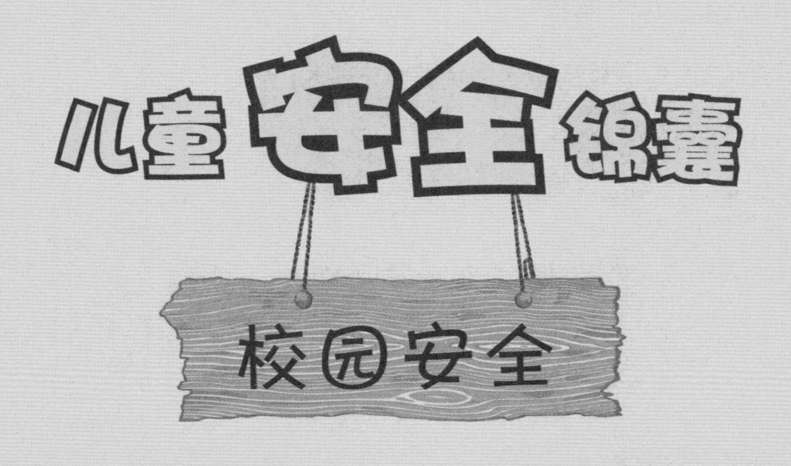

王维浩　编著

科学普及出版社
·北　京·

图书在版编目（CIP）数据

儿童安全锦囊．校园安全 / 王维浩编著．-- 北京：科学普及出版社，2020.1

ISBN 978-7-110-09982-7

Ⅰ．①儿… Ⅱ．①王… Ⅲ．①安全教育－儿童读物
Ⅳ．① X956-49

中国版本图书馆 CIP 数据核字（2019）第 160940 号

作　　者　王维浩
图片着色　刘国胜
责任编辑　郭　佳　朱　颖　白李娜
责任校对　邓雪梅
责任印制　李晓霖
封面设计　朱　颖
版式设计　中文天地

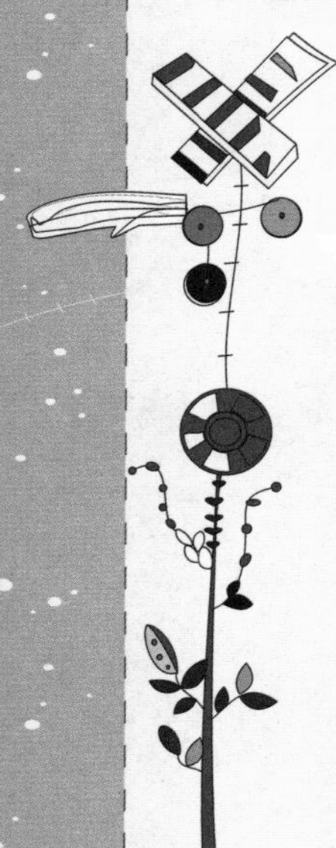

科学普及出版社出版
北京市海淀区中关村南大街16号　邮政编码：100081
电话：010-62173865　传真：010-62173081
http：//www.cspbooks.com.cn
中国科学技术出版社有限公司发行部发行
北京顶佳世纪印刷有限公司印刷

开本：710mm × 1000mm　1/16　印张：25　字数：200千字
2020年1月第1版　2020年1月第1次印刷
ISBN 978-7-110-09982-7 / X · 69
印数：1—3000册　定价：119.90元

序

张咏梅 儿童伤害预防教育专家、全球儿童安全组织（中国）高级传讯顾问、中国项目专员

前几年，有企业邀请我去给他们的员工讲儿童安全预防讲座，其初衷也多半是企业给予他们员工的一种福利。近些年，随着网络信息的日新月异，越来越多的儿童伤害信息尽显眼前。一时间，儿童安全话题成了人人无法回避的重要议题被广泛讨论。无论是网络上的新闻热点，还是两会上代表们踊跃发声的提案，都对中国儿童安全的教育倾注了深情。由此，我也看到越来越多的企业将“儿童安全培训”列为重要内容，不再是简单的福利馈赠，而是将此纳入了企业社会责任一部分。

如此的受重视程度，可以说，中国的孩子们，有福了。

十年前，我有幸成为全球儿童安全组织（中国）高级传讯顾问，专注于儿童意外伤害预防的数据研究和常识传播工作，在每天大量的伤害信息中，我发现几乎所有的意外发生都是有共性规律可循的。比如暑期是儿童溺水高发期；燃气中毒或烧烫伤是年底到春节期间最多的伤害类型；幼童发生高楼坠亡的起因多和看护缺失有关；而因盲区造成的汽车碾压意外，也多因孩子跑过马路所致。由此，做好儿童伤害预防的重要工作，就是学习基本常识、了解事件本质、注重行为培养。

这套书的出版，定位于学生人群，从文风、画风和游戏设计，都贴近青少年的阅读习惯。众所周知，做安全教育有个难点，就是人群定位。不同年龄段的孩子，宣讲的方式和内容截然不同。比如 0~3 岁的宝宝，处在感知世界最丰富的年龄段，家长的教育应侧重于如何帮助他们建设家中的安全环境。4~6 岁的幼童，开始了社会交往，不安于居室，放眼于户外，父母要多用游戏互动的方式来进行亲子教育，通过角色扮演让孩子感受危险的定义。进入小学阶段的儿童、低年级和高年级的安全教育也是有区分的。普及形式由游戏体验到实训学习，都需要建立一整套有针对性的课程体系。

这套书很好地抓住了小学至初中阶段儿童的行为和认知特点，侧重行为指导。比如，校园安全部分，将课间容易发生的冲撞、打闹等充满隐患的行为，单列出来，明确正确的行为指导，以正视听；生活场景中，将孩子们容易发生在公共场所的危险行为列举出来，比如乘坐自动扶梯的正确姿势等；健康生活场景里，一些生活的急救小常识也非常实用；在交通安全方面，青少年更要加强遵纪守法教育，每年我国因道路伤害致死致残的儿童，有近 2.2 万人之多。道路伤害是 1~14 岁中国儿童第二位死因，是 15~19 岁少年第一位死因。而步行和乘坐机动车是发生交通意外的主要交通方式。因此，规范儿童的步行习惯，比如专心走路、不要戴耳机、不低头看手机等，是避免伤害的重要一课。

全球儿童安全组织创建者——美国华盛顿儿童医学中心烧伤科医生马丁博士曾说："没有偶然的事故，只有可预防的伤害。"在传播儿童安全教育的十多年中，我深刻体会到这句话的意义。**来自生活中的伤害，看似属于意外，其实99%都是可以预防的。**认识到环境对伤害发生的影响就会从源头杜绝隐患发生；了解到行为对伤害结果的影响就会主动改过自新，养成好习惯，从而提高安全意识。

希望更多的孩子从这套书中学到安全常识，注重改变陋习，真正践行平安一生的承诺。

前言

校园中洒满了暖暖的阳光，树林里洋溢着小鸟愉悦的叫声，操场上处处留下了同学们快乐的身影。

校园是同学们求知的乐园，探索的天地，同学们在这里的生活是丰富多彩的，但校园里依然存在着一些安全隐患需要引起注意。

那么，校园里究竟有哪些安全隐患呢？面对这些安全隐患我们又该如何防范呢？为了解决这个问题，我们应该系统地学习一些校园安全自护的常识，当危险出现时，我们才能冷静、从容而正确地应对。

目录

校园是人员最为密集的场所之一，楼梯更是处处可见，大家时常要经过这些楼梯，人多的时候，就难免存在安全隐患。那么，我们在上下楼梯时应该注意什么呢？

1. 上下楼梯时要慢而有序，不要嬉笑打闹，以免摔倒。

2. 上下楼时，不要奔跑，以免摔倒扭伤。

3. 上下楼人多时，不要拥挤，否则很容易摔倒并发生踩踏，造成伤害。

4. 上下楼梯时，应靠右行，给对侧的同学让出空间，以免发生冲撞。

5.上下楼时，要尽量手扶栏杆，不要东张西望或看其他东西，以免发生意外而来不及稳住身体。

6.课间休息，在人多的楼梯或走廊内尽量不要弯腰拾东西、系鞋带，以免将人绊倒，造成伤害。

在人员密集的地方

人很多的地方最容易发生意外，所以，我们在人员密集的地方需要特别小心！

1. 当走廊和楼道等地方人很多时，不要互相拥挤，以免发生摔伤或踩踏事件。

2. 不要在大家来往频繁的地方打闹或奔跑，比如楼梯、教室门口等。

3.参加集体活动时，要听从老师的指挥，按秩序行动。

4.进教室时不要奔跑，以免撞到其他同学，造成伤害。应以正常速度行走。

5. 在人多的场合中，同学们不要随便蹲在地上，这样容易被人群挤倒，发生踩踏伤害事件。

6. 如果在人多的地方有人摔倒，大家千万不要乱挤，这样容易引发更大的骚乱，导致更多的人摔倒。

上体育课

体育课既有趣又能增强同学们的体质，但上体育课时也不能大意，要注意安全。

1. 上体育课时要穿较宽松的运动服和合适的运动鞋。
2. 身上不能带尖锐、锋利的物品，如钥匙、小刀、胸针等。

3. 在正式运动前，应做些简单的准备活动，以防运动时拉伤肌肉，但准备活动的强度不要过大。

4. 在老师教新动作时一定要仔细观看，避免因为动作不规范而使身体受伤。

5. 做投掷运动时要听从口令，做竞技运动时要注意强度，防止受伤。

6. 碰到有同学跌倒或突发疾病时，应该及时报告老师。

参加运动会

运动会上，同学们你追我赶，奋勇争先。这时，我们需要注意哪些安全问题呢？

1.要听从老师的安排，在指定的地方观看比赛，遵守纪律，讲秩序，不打闹，爱护环境卫生，不乱扔垃圾。

3. 观看比赛时，要远离终点附近和铅球等的投掷区域，以免影响运动员比赛，同时也避免被铅球等器械伤害。

4. 如果参赛，要做好赛前准备活动，场地和设备应仔细检查，防止意外伤害。如果身体不适，就不要贸然参赛。

5. 参赛前不要吃得过饱，也不要饮水过多，运动后也不要马上大量饮水或吃冷饮，更不要马上洗冷水澡。

上实验课

同学们都喜欢上实验课，既有趣，又好玩，但实验课也存在一些安全隐患。那么，我们应该注意些什么呢？

1. 上实验课时，绝不能在实验过程中相互打闹，以免发生危险。

2. 认真对待实验器材。有些有危险性的实验器材，同学们在使用时一定要小心谨慎，如酒精灯、试剂瓶、镊子等。

3. 做实验的时候要听从老师指挥，按照实验步骤做，不要出于好奇而做一些危险的尝试。如果有疑问，要及时向老师提问。

4. 如果不小心被烫伤、扎伤，要赶快用清水冲洗伤口，并及时报告老师，采取合理的急救措施。

5. 做完实验后，我们要将废品放入指定的垃圾桶中，不要到处乱扔。

6. 不要偷偷地将实验器材和化学品带出实验室，这样很容易给自己和他人带来伤害。

做游戏

下课了，同学们都喜欢做游戏，不过做游戏时一定要注意安全。

1. 下课时应尽量到操场活动，以便呼吸新鲜的空气，使自己的精力更加充沛。

2. 下课时，不要在教室内互相追逐、打闹，因为教室内桌椅多，容易摔倒，发生意外。

3. 课间远离教室的话，要注意提前返回，以免上课迟到，着急奔跑也容易受伤。

4. 下课后不要去攀爬高处，不做危险剧烈的活动，以免摔伤或扭伤。

5. 不要在走廊内或人多的地方打球、踢球，以免伤害他人。
6. 活动时一定要注意地面上及空中的高压线和电缆，防止接触到这些危险物体。

郊游

春天来了，同学们到野外去郊游，开心极了。那么我们在郊游时应注意什么呢？

1. 郊游时要听从老师的指挥，这是保证郊游安全的重要环节。

2. 不要独自悄悄离开队伍，不管你要去做什么事，这样是十分危险的。若有事要离开队伍，一定要把自己的行踪提前报告老师。

加油！
3. 要跟随队伍，不要掉队。同学们要互相帮助。
4. 不要随意去摘野果子吃，以免发生中毒而危及生命。

5. 郊游时要自带饮用水，不要喝野外的山泉水，以免发生腹泻。不要乱扔自己喝完的矿泉水瓶等废弃物，应带回扔到垃圾箱中。

6. 准备食物时，购买食品要注意保质期，不要去买路边无证小摊的食品。

擦玻璃

参加教室清扫不仅可以让同学们的学习环境干净整洁，还能培养同学们从小爱劳动的优良品质，不过我们在劳动时要注意安全，特别是在擦玻璃时更要小心。

1. 绝对不要站在高楼的外窗上或把身体探出窗外擦玻璃，那样十分危险。如果不注意或窗框不牢固，很容易发生坠楼的意外。

2. 不要爬上窗台去擦靠外侧的玻璃，这样的动作十分危险。

3. 要互相保护，不要独自一人站在高高的凳子上。应该请同学协助，配合完成劳动任务。

4. 擦完一扇窗后，应先将这扇窗关好，再去擦另一扇。擦上排的窗户时，要先把下排的窗户关好。

5. 在擦高处够不着的玻璃时，不可爬上窗台踮着脚去擦，可以使用擦洗高层玻璃的专用工具。
危险，快下来！
6. 一旦发现同学有危险时要制止，但是不要大喊大叫，以免同学受惊吓后发生危险。

教室是我们学习的地方，不是我们打闹嬉戏的地方，在教室里打闹容易出现意外，请同学们千万注意。

1. 同学们应该遵守纪律，不要在教室里嬉戏打闹，以免磕伤摔伤。

2. 讲台上的粉笔、黑板擦等教学用品都不是玩具，一定不要拿来玩耍，以免伤到别人。

3. 更不要拿拖把等清扫工具来玩耍，以免误伤自己和其他同学。
举起手来！
谁让你在桌子上乱刻乱画的！
4. 课桌与椅子是学校的财产，我们应该爱护它们，不能在上面乱刻乱画。

5. 教室是学习的地方，我们应该保持安静，不要大声喧哗。

6. 我们不能把小刀、玩具枪一类的东西带进教室，因为这是学习的场所。

不要在楼道玩耍

楼道是供大家行走的，同学们千万不要在楼道里玩耍，以免发生意外。

1. 楼道空间很小，下课或放学后，同学们要有秩序地走出教室，不要互相推挤。

2. 在楼道里，同学们一定不能一边玩闹一边走路，那样很容易发生危险。

3.不能在楼道里进行踢足球、跳绳、踢毽子等活动，以免误伤其他同学。

4.在楼道里系鞋带、捡东西时，同学们要注意周围的人，以免被挤倒发生意外。

5. 如果在拥挤的楼道里不小心摔倒，要迅速地蜷缩身体，护住头，还要提醒旁边的人，以防出现踩踏事故。

不要在楼道做游戏！
6. 如果看到其他同学在楼道跳绳或做其他游戏，应该及时阻止，必要时还可以报告老师。

楼梯扶手滑不得

楼梯的扶手是用来保护我们的安全的，我们可不能把它当作滑梯来玩，这样十分危险。

1. 有的同学觉得滑楼梯扶手既刺激又好玩儿，但这是十分危险的。
挺好玩儿的！
?!
呀！
2. 如果失手，人就有可能从楼梯扶手上摔出去，那么后果无法预料。
!!

3.万一楼梯扶手不够牢固，有可能发生断裂，后果也是很严重的。

4.下楼时，我们要自觉靠右行走，不要把楼梯扶手当作滑梯玩。

5. 看见同学在楼梯扶手上玩儿时，我们要上前劝阻他，若其不听劝阻要告诉老师。

6. 如果发现有同学从楼梯扶手上摔下来，我们应该赶快报告老师，帮忙把他送到医院去。

铅笔不能随便咬

铅笔是我们学习时使用的文具，如果使用不当，也会影响我们的身体健康。

1.铅笔外层的彩色漆里含有铅，同学们一定不能啃咬铅笔，否则容易造成铅中毒。

2.也不能把橡皮叼在口中，因为橡皮中往往含有有害的化学物质，会对人体造成危害。

3. 铅及其化合物都有一定的毒性，一旦进入人体，就可能引起慢性和急性中毒，从而导致贫血、肠绞痛等病症。

4. 每次用完铅笔，都应当把它放进铅笔盒里保管好。

5. 同学们应该让爸爸妈妈帮忙选购文具，自己不要随便购买带有浓烈香味的文具。

6. 同学们一定要养成写完作业后及时洗手的好习惯。

使用涂改液

涂改液能帮我们遮盖掉写错的字，不过，在使用它时也要小心。

1.涂改液不是玩具，同学之间更不能互相挤射。一旦涂改液的液体进入眼睛，那么后果会十分严重。

2.涂改液中一般都含有三氯甲烷、三氯乙烷和对二甲苯，而这些物质又容易挥发到空气中去，如果大量吸入，可能会引起头痛、恶心等症状。

3. 在改错时，千万不能使用过期或者劣质的涂改液，否则容易引发皮肤过敏等问题。

4. 在使用涂改液的过程中，如果发现涂改液有异味、滴漏等现象，应立即弃用。

5.尽量不要把涂改液滴到皮肤上，如果不小心蹭到了皮肤上，应该用清水冲洗，过敏者要及时去医院治疗。

6.同学们购买涂改液时，要让爸爸妈妈帮忙购买正规厂家生产的涂改液。

面对教室电器

教室里一般都有电器，面对这些电器时我们应该怎么办？

1.教室中的电器一般都挂在很高的地方，或者锁在柜子里，我们不能因为好奇而攀高去动它们，否则很容易发生危险。

2.教室中的电器都和电源相连，我们平时打扫卫生时一定要远离电源，防止触电。

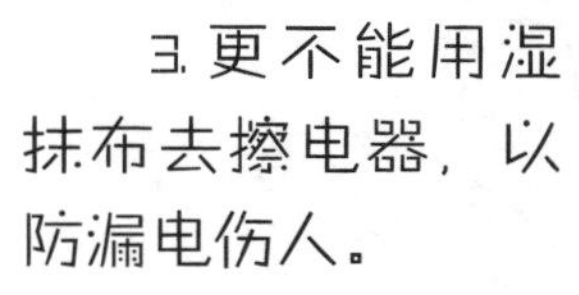

4. 发现电源插头松动或者脱落，不要盲目地去处理，应告诉老师让专业人员来处理。

5. 不要拿东西乱捅教室中的插座，这样十分危险，很容易触电。

6. 如果看到其他同学因为乱动电源触电，一定不要靠近，更不能用手去拉，只能用绝缘的物体将同学和电线分离开，并赶紧寻求老师的帮助。

校园里若有人行凶

如果你发现校园内有不良分子在斗殴或行凶时，那么你该怎么办？

1. 一旦有人在校园内斗殴或行凶，一定不要上前围观，要尽快离开，以免受到牵连。

咱们还不会处理，赶紧去报告老师！
2. 一定不要自己或是几个同学上去劝阻，这样很危险，因为同学们年龄还小，也不懂得怎么劝阻。

3. 应及时向老师报告，寻求他们的帮助。

110……
4. 情况紧急时，要立即设法拨打“110”报警电话。

5. 如果现场有行凶者遗失的物品或凶器，千万不要随意乱动，更不能据为己有，应由警察来处理。

6. 记住这些行凶者的相貌特征，以便向警察提供线索及时破案。

和同学发生纠纷

在学校里，有时难免会和同学发生纠纷，这时我们该怎么办呢？

1.同学之间不要因为小事发生矛盾，如果遇到矛盾，也一定不要心急，要冷静，尽量克制自己的行为。

2.不能骂脏话，不能把对方生理上的缺陷拿来攻击对方，这样会激化矛盾。

3. 更不能用拳头来解决问题。我们要学会包容、谅解、讲道理。

4. 也不能邀约同学一起去打架。这样会扩大矛盾，后果更加严重，也不利于解决问题。

5. 如果发生的矛盾自己无法解决，那么就应该告诉老师，让老师帮助处理。

6. 在与对方争执时，不要讲粗话、脏话，彼此要勇于道歉。

面对校园性侵害

校园性侵害严重威胁着同学们的健康成长，大家一定要提高警惕，保护好自己。

1. 女同学尽量不要单独和男老师待在一起，向老师请教问题时可以三五人结伴而行。不要让异性碰触自己内衣覆盖的部位。

2. 如果异性成年人叫大家单独去偏僻的地方，大家要提高警惕，不要轻易答应。

3.当你受到骚扰时，一定要严厉地训斥对方，同时尽可能地离开。

4.女同学还要防范高年级的男生，不要随便和高年级男生独处。

5. 如果受到男老师或男同学的骚扰，女同学要及时告诉老师或家长，还可以报警，合法地保护自己。

6. 男同学也要有自我保护意识，警惕披着教师外衣的不法之徒。如果发现某人的要求很奇怪，不要轻易答应。

被恶意体罚

恶意体罚学生是一种伤害儿童生理和心理的行为。当你遭到恶意体罚时该怎么办？

1. 一般来说，体罚学生的老师通常会用暴力、辱骂等方式来对待学生，而且经常提一些过分的要求。

2. 个别老师不用殴打的方式来体罚学生，而是用一些变相的方式来体罚，如绕操场跑十圈、烈日下罚站、下跪等，这些都属于恶意体罚。

3. 如果遭到了恶意体罚，千万不要忍气吞声，要勇于拒绝，通过合理的方式来保护自己。

4. 如果遭到了恶意体罚，千万不要采取偷偷报复老师的行为，这不利于问题的解决。

5. 如果发现学校老师有体罚学生的现象，大家可以向校领导反映或告诉家长，让大人们合理解决此事。

6. 同学们可以通过集体联名的方式来举报恶意体罚学生的老师，还可以通过法律途径来保护自己的合法权益。

有人患传染病

学校人多，一些传染病很容易在校园暴发。那么，我们该注意什么呢？

1.要听老师和爸爸妈妈的话，做好消毒隔离工作，必要时还要服用预防传染病的药物。

2.平时一定要讲卫生，按正确的方法洗手。同时要经常参加体育活动，加强锻炼，以增强自身的抵抗力。

3. 一旦发现有同学患了传染病，应保持距离，戴上口罩。避免接触患者的唾液、呕吐物、粪便、血液等。

4. 注意，不要因为好奇去触摸患病同学使用过的生活用品，以防止交叉感染。

5. 不能歧视和疏远曾患有传染病但已痊愈的同学，应该听从老师的安排去安慰和帮助他们。

6. 感觉自己身体不适时要及时就医。一旦患有传染病，应在医院隔离治疗，不要返校上课，以免传染给其他同学。

遭遇勒索

在放学的路上，如果你遇到了几个比你大的青年向你要钱时，该怎么办呢？

1. 遇到这种情况时，千万不要表现出自己非常害怕的样子，要尽量向他们说些好听的话，说明自己身上并没有带钱，避免发生武力冲突。

2. 如果他们仍然不放你走，那就尽量和他们拖延时间，发现有老师或者大人经过时大喊“救命”，寻求帮助。

3. 如果等不到外援，就和他们说要回学校取钱，寻求逃脱的机会。回到学校要赶紧找老师帮助。
我回学校取钱。

4. 要记住这些人的特征，比如长相、穿着、身高等，说给老师听。

5.尽可能不要把钱给他们，如果他们这次勒索成功，就会有下一次的勒索。

6.回到家中一定要把事情的经过详细地告诉爸爸妈妈，寻求他们的帮助。

不与社会不良青年打交道

社会上有许多闲散人员，大家不要随便和这些人打交道，他们会对我们的成长造成危害。

1.社会上的一些闲散人员经常会打着为同学们“拔刀相助”的旗号装成“大哥”，将同学们带上犯罪的道路。

2.不要主动接近社会不良青年，更不能与他们称兄道弟，不要接受他们的礼物，以免让自己陷入坏人的圈套。

3. 如果有社会不良青年来纠缠你，同学们一定要找机会告诉老师或家长，向他们寻求帮助，摆脱坏人的纠缠。

4. 同学们有矛盾时要真诚沟通，千万不要去寻求这些社会不良青年的帮助，这样会陷入恶性循环，不利于问题的解决。

5. 如果发现有同学和社会不良青年混在一起，大家要主动远离他们，不要加入他们的队伍，并报告老师。

6. 为了避免社会不良青年的纠缠，同学们可以互相结伴上学、放学，这样能营造出一种良好的氛围，社会不良青年就不容易接近大家了。

远离成人娱乐场所

成人娱乐场所中的人员十分混杂，有些地方还充斥着不良信息，对于未成年人的成长有不良的影响。因此，同学们不要随便进出这种场所。

1.社会上的一些场所，如酒吧、迪厅、会馆等，都不适合同学们进出。同学们可不要因为好奇而随意去成人娱乐场所，以免发生危险。

2.一些场所设有“未成年人禁止入内”的标志，同学们要自觉遵守，主动远离这些地方。

3. 有时，就算大人带着，同学们也最好不要去，以免发生意外。

4. 如果有人叫你去成人娱乐场所，要主动拒绝，尤其要警惕一些社会闲散人员，绝不能跟着他们出入这类场所。

5. 如果你发现有同学出入酒吧、迪厅等地方时，要好好地劝阻他，提醒他未成年人出入这些场所的危险性。

6. 如果这位同学不听劝告，你应该把这个情况告诉老师，让老师来处理。

找不同

校园里有很多楼梯。下面两幅图中的几位小朋友的做法是十分危险的。两幅图中有五处不同，请在第二幅图中把它们圈出来吧！

选择游戏

滑梯很好玩，但玩滑梯时也要注意安全，图中小朋友的做法有哪些不对呢？请你指出来。

A. 从滑梯爬上去。

B. 紧跟前方小朋友滑下滑梯。

C. 站在安全位置看小朋友玩耍。

D. 松开滑梯扶手或抓握其他物体。